Andrea Verso

Unterrichtsbesuch: Zeichen-und Orientierungshilfen im Geometrieunterricht - Das Gitternetz (3. Klasse)

GRIN Verlag

Bibliografische Information der Deutschen Nationalbibliothek:

Die Deutsche Bibliothek verzeichnet diese Publikation in der Deutschen National-
bibliografie; detaillierte bibliografische Daten sind im Internet über http://dnb.d-
nb.de/ abrufbar.

Dieses Werk sowie alle darin enthaltenen einzelnen Beiträge und Abbildungen
sind urheberrechtlich geschützt. Jede Verwertung, die nicht ausdrücklich vom
Urheberrechtsschutz zugelassen ist, bedarf der vorherigen Zustimmung des Verla-
ges. Das gilt insbesondere für Vervielfältigungen, Bearbeitungen, Übersetzungen,
Mikroverfilmungen, Auswertungen durch Datenbanken und für die Einspeicherung
und Verarbeitung in elektronische Systeme. Alle Rechte, auch die des auszugsweisen
Nachdrucks, der fotomechanischen Wiedergabe (einschließlich Mikrokopie) sowie
der Auswertung durch Datenbanken oder ähnliche Einrichtungen, vorbehalten.

Impressum:

Copyright © 2005 GRIN Verlag GmbH
Druck und Bindung: Books on Demand GmbH, Norderstedt Germany
ISBN: 978-3-638-92995-0

Dieses Buch bei GRIN:

http://www.grin.com/de/e-book/48541/unterrichtsbesuch-zeichen-und-orientierungs-
hilfen-im-geometrieunterricht

1. Unterrichtsbesuch in Mathematik

Thema: Zeichen-und Orientierungshilfen im Geometrieunterricht

Inhalt: „Das Gitternetz"

Fach: Mathematik

Klasse: 3a

Schule: X

Schulleiter: Herr S.

Datum: 08.07.2005

Zeit: 4. Stunde, 10:35 – 11:20 Uhr

Lehrbeauftragte im Fach Mathematik: Frau B.

Inhaltsverzeichnis

1. Bedingungsanalyse

1.1. Zur Situation der Schule

Die Schule X mit der Außenstelle in Hugsweier ist eine sehr kleine Schule. Sie wird zur Zeit von etwa 200 Schülern besucht, die von 10 Lehrern unterrichtet werden. Die Schule liegt in einem der sozialen Brennpunkte der Stadt Lahr, im Stadtteil Dinglingen. Im Einzugsbereich der Schule befindet sich eine Tageseinrichtung für Kinder und Jugendliche, das Don-Bosco-Zentrum, das am Nachmittag von einem Teil der Schüler besucht wird. Dort werden die Hausaufgaben erledigt und ein Teil der Freizeit gemeinsam verbracht. Aus der Klasse 3a nehmen 7 Kinder an diesem Angebot teil.

Die Schüler der Schule X kommen teilweise aus sozial schwachen Familien. Eine Vielzahl der SchülerInnen sind Spätaussiedlerkinder, die jedoch bereits größtenteils in Lahr geboren wurden. An ausländischen Schülern bilden die türkischen Kinder die Mehrzahl.

1.2. Zur Situation der Klasse

In die Klasse 3a, die ich zwei Stunden in HuS und drei Stunden in Mathematik unterrichte bzw. hospitiere, gehen 25 SchülerInnen. 13 davon sind weiblich und 12 männlich. Zu Beginn des Schuljahres wurde die Klasse neu gebildet. Zu der Klasse 2a kam die Hälfte der Schüler der Klasse 2 aus der Außenstelle Hugsweier hinzu. Den höchsten Anteil der Schüler bilden die deutschen Kinder. Darunter sind 7 Spätaussiedler, von denen aber bereits 6 Kinder in Deutschland auf die Welt kamen. Außerdem sind in der Klasse 4 türkische bzw. kurdische Kinder.

Schüler I. ist seit Ende 2004 neu in die Klasse dazugekommen. Er spricht noch nicht so gut Deutsch aber er arbeitet sehr strebsam und willig, so dass er innerhalb weniger Monate große Fortschritte gemacht hat.

Der Unterricht beginnt für die SchülerInnen täglich um 7:45 Uhr.

Die Tische im Klassenzimmer stehen seit Beginn meiner Referendariatszeit in veränderter Form. In Zusammenarbeit mit der Klassenlehrerin brach ich die U-Anordnung der Tische auf und wandelte sie in Gruppentische um. Durch die neue Sitzordnung wollte ich einen Impuls für eine bessere Gruppenarbeit initiieren und festgefahrene Kleingruppen (beste Freunde) auflösen.

Die Klassenmitglieder gehen sehr offen miteinander um, was ein Verdienst der Klassenlehrerin ist. Sie hielt und hält immer noch mit der Klasse einige „gruppenfördende" Veranstaltungen, die das offene Miteinander fördern sollen. Ich unterstütze die Klassenlehrerin seit Februar, in dem ich im Unterrichtsgeschehen offene Formen wähle.

Streitereien gibt es immer wieder, was ja nicht ungewöhnlich ist für Kinder in diesem Alter, jedoch ist die Klasse nicht in verschiedene Lager gespalten. Sie gehen freundlich miteinander um.

Die SchülerInnen arbeiten sowohl in Einzelphasen als auch in Gruppen meist leise und zielstrebig.

Besondere Leistungsschwächen zeigen 4 Schüler namens A., M., P. und A..

A. ist ein sehr lebhaftes Kind, das einen sehr hohen Bewegungsdrang hat. Er kann sich sehr schlecht für lange Zeit konzentrieren, was auch daran liegt, dass er sich nebenbei mit vielen anderen Dingen (Klassenkameraden, Klassenzimmer, „Wetter") beschäftigt. Konzentrations- und Aufnahmeschwäche zeigen auch P., A. und M.

In der Klasse gibt es aber auch leistungsstarke SchülerInnen. Sowohl A., als auch F. und J. nehmen im Unterrichtsgeschehen in besonderem Maße teil. Ihre kognitiven Fähigkeiten sind im Gegensatz zu gleichaltrigen Kindern sehr gut entwickelt. Dies äußert sich z.B. durch exakte Formulierungen von Sätzen und Fragen. Sie sind in der Lage neu erworbenes Wissen anzuwenden und in Alltagssituationen zu transferieren.

Während den Gruppenarbeitsphasen versuche ich, die Gruppenbildung dementsprechend zu beeinflussen, so dass die genannten SchülerInnen mit leistungsstärkeren MitschülerInnen zusammentreffen.

2. Sachanalyse

2.1 Das Koordinatensystem

Um Lagebeziehungen von Punkten und Figuren zu beschreiben, bedient man sich in der analytischen Geometrie u. a. des Koordinatensystems.

Zeichnet man in der Ebene zwei sich schneidende Zahlengeraden (**Koordinatenachsen**, x-Achse und y-Achse), dann kann man jeden Punkt P der Ebene eindeutig durch ein Zahlenpaar (Koordinatenpaar) festlegen; schneiden die Parallelen zu den Koordinatenachsen durch den Punkt P die Achsen an den Zahlen xp bzw. yp, dann sind diese Zahlen die **Koordinaten** von P (Abb.1).

Dieses Koordinatensystem heißt nach dem französischen Philosophen Renè Descartes **kartesisch** (Abb.1), wenn gilt:

- Die Achsen sind zueinander rechtwinklig.
- Die Einheiten auf den Achsen sind gleich.
- Die x-Achse geht durch Drehung um 90° im Gegenuhrzeigersinn in die y-Achse über.

Den Schnittpunkt 0 der Achsen nennt man den Ursprung des Koordinatensystems. Die Bezeichnung 0 kommt vom lateinischen origo = Ursprung.

Hat der Punkt P die Koordinaten xp und yp, ist er also durch das Koordinatenpaar (xp; yp) festgelegt, so schreibt man P(xp/yp).

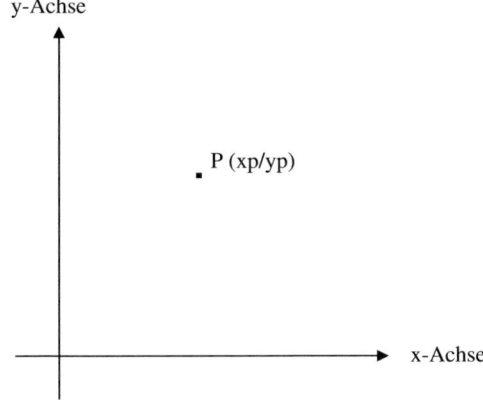

Abb.1: kartesisches Koordinatensystem

Koordinatensysteme tauchen nicht nur in der analytischen Geometrie auf, sondern auch, wo man sie nicht vermutet. So ist auf vielen Landkarten ein Gitternetz eingezeichnet, mit dem man einen Ort findet. Mit einer Angabe wie etwa C4 wird dann allerdings kein Punkt, sondern ein Feld bezeichnet. Auch die Einteilung der Erdoberfläche in Breiten- und Längengrade, mit der sich jeder Punkt auf der Oberfläche festlegen lässt, bildet ein Koordinatensystem.

3. Methodisch – didaktische Analyse

3.1 Bezug zum Bildungsplan

Das Thema „Das Gitternetz" lässt sich im alten Bildungsplan im Fach Mathematik in der Lehrplaneinheit 2 „Geometrie: Gitternetz und Planquadrate" einordnen.

Im neuen Bildungsplan ist das Thema in den folgenden Leitgedanken des Faches Mathematik enthalten:

Die Schülerinnen und Schüler können

a) Zahl

   - Rechenaufgaben in Tabellen und Diagrammen erkennen, darstellen und eigene Aufgaben verfassen;

b) Daten und Sachsituationen

   - aus Beobachtungen, aus einfachen Experimenten oder aus Texten Daten sammeln, erheben und darstellen;
   - Daten aus unterschiedlichen Darstellungen entnehmen und daraus Informationen und Schlüsse ziehen;
   - *Sachsituationen und Sachverhalte, die in Bildern, Tabellen und Diagrammen dargestellt sind, interpretieren und mathematisieren;*
   - *eigene Lösungswege erklären und vorstellen.*

   Inhalt: *Schaubilder,* Diagramme, Skizzen, *Pläne.*

Wichtig ist der fächerübergreifende Aspekt zum Sachunterricht, wenn es um die Vermittlung topographischer Kenntnisse geht, z.B. bei der Orientierung im Wohnort und der Erarbeitung von Ortsplänen in Verbindung mit den Himmelsrichtungen.

3.2 Persönlicher Bezug zum Thema

Das Thema „Das Gitternetz" ist ein Thema, das ich bis zum jetzigen Zeitpunkt noch nicht unterrichtet habe. Meine direkte Erfahrung mit dem Thema beschränkt sich auf meine Schulzeit. Das kartesische Koordinatensystem war z.b. eine wichtige Grundlage für die graphische Darstellung von Funktionen, die analytische Geometrie, sowie für das Ablesen und die Interpretation von Schaubildern (Blockdiagramm, Säulendiagramm, ...). Vor allem durch die Umsetzung in Alltagssituationen, wie die Interpretation von Klimadiagrammen in der Zeitung oder das Ablesen von Prozentangaben in der Bank, konnte ich die Bedeutung und die Wichtigkeit dieser Thematik begreifen. Nicht zu vergessen ist auch die Relevanz des kartesischen Koordinatensystems für die Orientierung und das Auffinden von Straßen in Stadtplänen.

Ich denke, dass das Thema sowohl als Grundlage für die im Lehrplan noch bevorstehenden Themen, z.B. Prozentrechnen, dienen sollte, sowie als Möglichkeit, die Herausforderungen des privaten und gesellschaftlichen Lebens zukünftig bewältigen zu können.
Meine bisherigen Alltagssituationen bestätigen die Relevanz des Themas.

3.3 Einbettung der Stunde in die Unterrichtseinheit

Insgesamt umfasst das Thema 5 Unterrichtsstunden:
1) **Orientierung und Punkte im Gitternetz (Einzelstunde),**
2) Figuren im Gitternetz zeichnen (Doppelstunde),
3) Orientieren im Stadtplan (Doppelstunde),

Die Einzelstunde „Orientierung und Punkte im Gitternetz" ist eine erste Einführung in das Thema - „Das Gitternetz" -. Die SchülerInnen bringen aber indirekt aus einer meiner HuS-Stunden „Eine Legende erstellen" Kenntnisse oder Grundlagen zu diesem Thema mit.

Die SchülerInnen sollen hierbei die wichtigsten Voraussetzungen für das Lesen und Deuten sowohl geographischer als auch allgemeiner Schaubilder/Diagramme kennen lernen.

3.4 Methodisch – didaktische Überlegungen zur Stunde

Als Einstieg in die Stunde wähle ich ein Rollenspiel aus. Ich verlasse das Klassenzimmer, um in eine andere Rolle zu schlüpfen. Mit diesem Einstieg möchte ich bezwecken, dass die SchülerInnen sich in die Situation „wir gehen auf Schatzsuche" hineinversetzen können. Um das zu verstärken, verkleide ich mich als Pirat und gehe in die Klasse hinein.

Dieses Rollenspiel gibt mir dann Anlass meine selbstgebastelte Schatzkarte auszupacken, auszurollen und an die Tafel zu hängen. Begleitet wird dies mit der Bemerkung, dass ich die Schatzkarte auf meinem Dachboden gefunden habe. Damit alle SchülerInnen einen besseren Blick auf die Schatzkarte haben, lasse ich sie vor der Tafel einen Halbkreis bilden. Nachdem die SchülerInnen einen kurzen Blick auf die Schatzkarte werfen konnten, folgt ein Impuls von mir: „Orientieren wir uns !". Die Schüler beschreiben nun, was sie auf der Karte sehen. Die Einstiegsphase ist zu Ende.

Der Inhalt der Stunde ist damit aber noch nicht geklärt. Ich erkläre jetzt die Regeln unserer Schatzsuche und lasse sie die SchülerInnen mündlich wiederholen. Damit möchte ich erreichen, dass die SchülerInnen, falls sie meine Arbeitsanweisungen nicht verstanden haben sollten, über die Äußerungen der Mitschüler, die von mir genannten Regeln besser verstehen.

Nun kann die Schatzsuche und somit auch die Erarbeitungsphase beginnen. Die SchülerInnen nennen zuerst die Koordinaten unseres Strandortes und bewegen sich anschließend auf die markierten Linien (Koordinatenachsen) bis zum Schatz. Die Bewegungsrichtungen sind vorgegeben:

a) Sie dürfen sich nur nach oben bzw. unten oder nach rechts bzw. links bewegen.

b) Es sind nur Viererschritte erlaubt.

c) Bei jedem Halt werden die Koordinaten genannt, auf Pappstreifen geschrieben und an die linke Tafelhälfte aufgehängt.

In dieser Phase nehme ich die Begleiterrolle ein. Meine Aufgabe wird nur sein, die SchülerInnen auf dem Weg zum Schatz zu begleiten und bei genaueren Definitionen Hilfestellungen zu geben. Als Beispiel sei eingeführt:

Wenn der Schüler X, für die Koordinaten des Punktes (4/3), die Koordinaten (3/4) nennt, muss von mir der Hinweis erfolgen, dass der Punkt (4/3) heißen muss bzw. dass zuerst der Rechtswert und dann der Hochwert genannt werden muss.

Nachdem wir, die SchülerInnen und ich, den Schatz gefunden haben und von der restlichen Crew abgeholt werden, erfolgt die Ergebnissicherung. Hierfür werden die Koordinaten, die wir während unserer Schatzsuche auf Pappstreifen notiert haben, benötigt. Die SchülerInnen sollen gedanklich unsere abgelaufene Strecke noch mal ablaufen und sukzessiv, auf unsere Schatzkarte, die Pappstreifen mit den Koordinaten hinheften. Dies soll einerseits für manche SchülerInnen als Sicherung und Festigung, andererseits für die anderen Schüler als Wiederholung dienen. Diese Phase wird so mehr an Bedeutung gewinnen, nachdem ich die SchülerInnen nach der Wichtigkeit der Stunde befrage. Ich möchte mit der Frage „Wozu brauchen wir Koordinaten im Alltag?" bezwecken, dass sie SchülerInnen einen Grund finden, wieso wir das Gitternetz im Unterricht behandelt haben, und somit für das Thema motiviert werden.

Meine Rolle als Pirat ist zu Ende und somit auch diese Phase. Ich verlasse kurz das Klassenzimmer und schlüpfe wieder in meine Rolle als Lehrer.

Es heißt so schön: „Kinder lernen im Handeln und Tun" und genau das ist die Methode, die ich für die nächste Erarbeitungsphase gewählt habe. Dafür werden wir das Klassenzimmer verlassen und in den Schulhof gehen, wo auf dem Boden ein von mir gezeichnetes, aber nicht beschriftetes Gitternetz zu finden ist. Jede/r SchülerIn bekommt von mir ein Stück Papier, das mit einer Zahl versehen ist. Die SchülerInnen sollen hier das Erlernte wieder anwenden, in dem sie:

a) Die Achsen mit zwei Pappstreifen (Rechts- und Hochachse) beschriften,

b) Sich entsprechend ihrer Zahl, die sie erhalten haben, selber auf dem Gitternetz hinstellen und als Zahlen fungieren,

c) Die von dem Lehrer genannten Koordinaten im „Schulhof-Gitternetz" suchen, sich dort hinstellen und mit Straßenkreide auf den Boden schreiben.

Mit dieser Methode werden die SchülerInnen zum Handeln angeregt und motiviert. Ich erhoffe mir, dass das Gelernte durch das selbstständige Handeln und Tun sich besser festigt.

Als Ausklang der Stunde, werden die SchülerInnen gebeten, sich vor das „Schulhof -Gitternetz zu stellen. Gemeinsam soll überprüft werden, ob die Koordinaten, die auf dem Boden aufgeschrieben wurden, richtig sind. Mit dieser Ergebnissicherung findet erneut eine Sicherung und Festigung des Erlernten statt.

4. Lernziele

4.1 Kognitive und fachliche Ziele

Ich arbeite so, dass die SchülerInnen ...

- sich in einem Gitternetz orientieren können,
- unsere jeweiligen Standpunkte mit Hilfe der Koordinaten benennen und finden,
- ihr Vorwissen einbringen,
- ein Gitternetz beschriften,
- im „Schulhof-Gitternetz" Koordinaten suchen und in das Gitternetz eintragen.

4.2 Pädagogische und soziale Ziele

Ich arbeite so, dass die SchülerInnen...

- im Halbkreis Regeln einhalten,
- ihre soziale Kompetenz und Kooperationsfähigkeit erweitern,
- bei der Schatzsuche kooperieren und sich gegenseitig helfen,
- ihre sprachlichen Fähigkeiten und ihre Kommunikationsfähigkeit weiterentwickeln können,
- ihre Kompetenzen in Gruppen anwenden, erweitern und vertiefen.

5. Verlaufsplan

Phase	Lehreraktivität	Schüleraktivität	Sozialform	Medien
Meditativer Einstieg/ Hinführung zum Thema	L. begrüßt die Klasse und stellt den Stundenablauf vor. Rollenspiel: Lehrer ist der Pirat und die Schüler seine Begleiter.	S. versetzen sich in die Rolle der Begleitpersonen und gehen mit dem Lehrer auf die Schatzsuche.	Rollenspiel	Kopftuch, Schatzkarte, Tafel.
Erarbeitung I	L. rollt die Karte aus. Impuls: „Orientieren wir uns". L. nennt die Regeln. „Die Schatzsuche kann beginnen"! L. lässt die Koordinaten unserer jeweiligen Standpunkte von den Schülern auf Pappstreifen schreiben und an die Tafel hängen.	S. beschreiben die Karte. S. gehen auf Schatzsuche. S. schreiben die Koordinaten auf Pappstreifen.	Schülervortrag Klassengespräch	Schatzkarte, Namensschilder, Pappstreifen, Tafel, Kreide.
Ergebnissicherung I	L. lässt die Koordinaten, die auf den Pappstreifen aufgeschrieben wurden, an die Schatzkarte anbringen.	S. ordnen die Koordinaten zu den Punkten.	Klassengespräch	Tafel, Pappstreifen, Schatzkarte.
Erarbeitung II	Die Erarbeitung erfolg im Schulhof. An einem großen „Schulhof-Gitternetz" werden die Schüler das Gelernte anwenden. „Gitternetzspiel". L. nennt die Koordinaten eines Punktes und die betroffenen S. bilden den Punkt.	S. werden in einem großen Gitternetz aufgerufen und folgen den Arbeitsanweisungen des Lehrers: -Sie beschriften das Gitternetz -Sie suchen die Koordinaten und tragen sie im Gitternetz ein.	„Gitternetzspiel"	Schulhof, Straßenkreide, Zahlenkärtchen, Pappstreifen.
Ergebnissicherung II/ Abschluss	Gemeinsam werden wir überprüfen, ob die Koordinaten richtig sind. Am Schluss, wenn die Zeit reicht, nennt der L. Koordinaten, die ein Gebilde ergeben.	S. stellen sich vor dem Gitternetz hin und überprüfen die Koordinaten der Punkte. S. stellen sich auf die genannten Koordinaten und spannen von Koordinate zu Koordinate eine Schnur.	Klassengespräch	„Schulhof-Gitternetz", Straßenkreide, Schnur, Tücher bzw. Bälle.

6. Literaturverzeichnis

➢ **Bildungsplan für die Grundschule (Hrsg.:):** vom Ministerium für Kultus und Sport Baden- Württemberg, Stuttgart,1994, Neckar-Verlag

➢ **G. Krauthausen/Petra Scherer:** Einführung in die Mathematikdidaktik, Heidelberg – Berlin, 2003, Spektrum Akademischer Verlag

➢ **Ministerium für Kultus, Jugend und Sport Baden-Württemberg:** Bildungsplan für die Hauptschule, Stuttgart, 2004, Neckar-Verlag

➢ **Schüler Duden:** Die Mathematik I, Mannheim – Wien - Zürich, 1982, Dudenverlag